Angelika Schlotmann

Kein Kind soll an Mathe scheitern

Übungsbuch 1

ISBN: 3-9810079-0-5
2., überarbeitete Auflage 2007

www.supperverlag.de

Grafische Abbildungen: Angelika Schlotmann
Design: aktivComm GmbH | www.aktivcomm.de
PrePress: aktivComm GmbH | www.aktivcomm.de
Druck: ABT Print und Medien | www.abt-medien.de

Angelika Schlotmann

Kein Kind soll an Mathe scheitern

Übungsbuch 1

SUPPERVERLAG

Angelika Schlotmann, geb. am 20. Juli 1968 in Graz, arbeitet seit 14 Jahren als Diplom-Psychologin und Psychotherapeutin.

Ende der 90er Jahre spezialisierte sie sich auf die Therapie der Rechenschwäche und gründete das Rechen-Therapie-Zentrum in Hirschberg an der Bergstraße.

Seitdem setzt sie sich in zahlreichen Vorträgen und Projekten dafür ein, dass die Rechenschwäche rechtzeitig erkannt und effizient behoben wird.

Liebe Eltern,

die nicht erkannte oder unbehandelte Rechenschwäche und ihre Folgen sind ein brisantes Problem in unserer Gesellschaft. Rechenschwache Kinder leiden oft massiv und fühlen sich „dumm“ und ausgegrenzt. Aus meiner langjährigen Erfahrung weiß ich aber, dass betroffene Eltern dem Problem oft hilflos gegenüberstehen, wenn sie gemerkt haben, dass stundenlanges tägliches Üben oder Nachhilfeunterricht die Leistung ihres Kindes nicht wirklich verbessern.

Für nähere Informationen zum theoretischen Hintergrund dieses Übungsbuches empfehle ich Ihnen vorab mein Buch zum Thema Rechenschwäche mit dem Titel „Warum Kinder an Mathe scheitern. Wie man Rechenschwäche wirklich heilt“. Darin ist die von mir entwickelte Wasserglasmethode®, bei der Zahlen anhand von Wassermengen in Gläsern dargestellt werden, einfach und verständlich beschrieben.

Vergessen Sie langweiliges, anstrengendes Üben!
Mit dem von mir erarbeiteten und gestalteten Übungsbuch hat ihr Kind wieder Freude und Spaß am Entdecken der mathematischen Logik. Dödl Dumpf, die kleine Zauberraupe, und seine Zauberlehrerin Brunhilda Explosiv führen mit spannenden Rechengeschichten durch die Grundrechenarten und sorgen durch das Wasserschütten dafür, dass die Übungen nie langweilig werden. So ist Ihr Kind in der Lage, kontinuierlich ein wirkliches Verständnis der mathematischen Sprache zu entwickeln und eine Zahlvorstellung aufzubauen.

Wenn ein Glas randvoll ist, sind 10 Schlucke darin. Der Vorteil der Wasserglasmethode® ist jedem sofort ersichtlich, der es einmal ausprobiert hat, denn man kann daran nicht abzählen wie an den Fingern. Das Wasser nimmt im Glas einen Raum ein; so lernt Ihr Kind, dass Zahlen unterschiedliche räumliche Ausdehnungen haben. Ihr Kind kann Zahlen selbst herstellen und erkennen, dass Raum und Zeit verknüpft sind, denn je größer eine Zahl ist, desto länger dauert es, bis das Wasser eingegossen ist. So ist es viel schneller und einfacher möglich, eine gute Vorstellung von den Zahlen zu entwickeln, als mit anderen herkömmlichen Methoden.

Für die Übungen sind die Original-Wassergläser, die eine spezielle, erprobte Form und Größe haben, erforderlich. Sie sind im Mathe-Koffer als 11er Set, inklusive Lebensmittelfarben zum Einfärben des Wassers, oder einzeln erhältlich. Diese Wassergläser sind aus lebensmittelechtem Kunststoff. Lassen Sie Ihr Kind die Übungen dieses Buches bitte unbedingt mit den entsprechenden Wassergläsern und dem eingefärbten Wasser schütten. Ohne Wasserschüttversuche, nur mit Anmalen der Wassergläser im Übungsbuch, können rechenschwache Kinder kaum Fortschritte erzielen.

Das Buch „Warum Kinder an Mathe scheitern" ist im Buchhandel erhältlich, der Mathekoffer, die Wassergläser und andere Lernmaterialien können beim

SUPPERVERLAG
unter www.supperverlag.de oder per Fax 062 01/25 89 85

bestellt werden.

Die Reihenfolge der Kapitel, die durch Sterne unterteilt sind, ist beabsichtigt. Nicht jedes Kind schafft ein Kapitel am Stück. Es ist von Vorteil, wenn Sie jeden kleinen Abschnitt auf eine ganze Woche verteilen. Erst entdecken, dann ausprobieren, danach öfter auch mit anderen Zahlen wiederholen. Eine Entdeckereinheit sollte nicht länger als 20 bis 40 Minuten dauern. Tägliches Schütten von Zahlen und Rechnungen ist wichtig, sollte sich aber auf 5 bis 15 Minuten beschränken.

Versuchen Sie, Ihr Kind auf keinen Fall zu überfordern. Wenn sich Ihr Kind schwertut, haben Sie Geduld und probieren Sie es lieber ein paar Tage später nochmals. Lassen Sie sich die Inhalte der einzelnen Kapitel von Ihrem Kind mit Hilfe der Wassergläser erklären. So bemerken Sie noch schneller, ob Ihr Kind die Kapitelinhalte wirklich verstanden hat. Ohne das Verständnis der Grundlagen ist Ihr Kind mit schwierigen Aufgaben möglicherweise überfordert.

Je nach Alter und Ausprägung der Schwäche benötigen rechenschwache Kinder, die keine zusätzlichen Defizite haben, minimal 4 Wochen und maximal 6 Monate, um die Inhalte dieses Übungsbuches zu verstehen und in fremden Situationen erfolgreich anwenden zu können.

Nützlich ist es, die Wassergläser auch bei den Hausaufgaben als Hilfe einzusetzen. So lange, bis das Kind sich die Gläser „im Kopf" vorstellen kann.

Ältere Kinder ab 10 Jahren können das Übungsbuch gegebenenfalls auch ohne Hilfe von Erwachsenen bearbeiten, kleineren Kindern können Sie die Geschichten vorlesen. Natürlich macht es mehr Spaß, wenn man die Schüttspiele gemeinsam spielt.

Ich wünsche Ihnen und Ihrem Kind viel Freude und Erfolg.

Ihre

Angelika Schlotmann

Hallo, wie geht es dir?

Hast du heute schon Spaß gehabt?

Ich bin es, kannst du mich sehen?

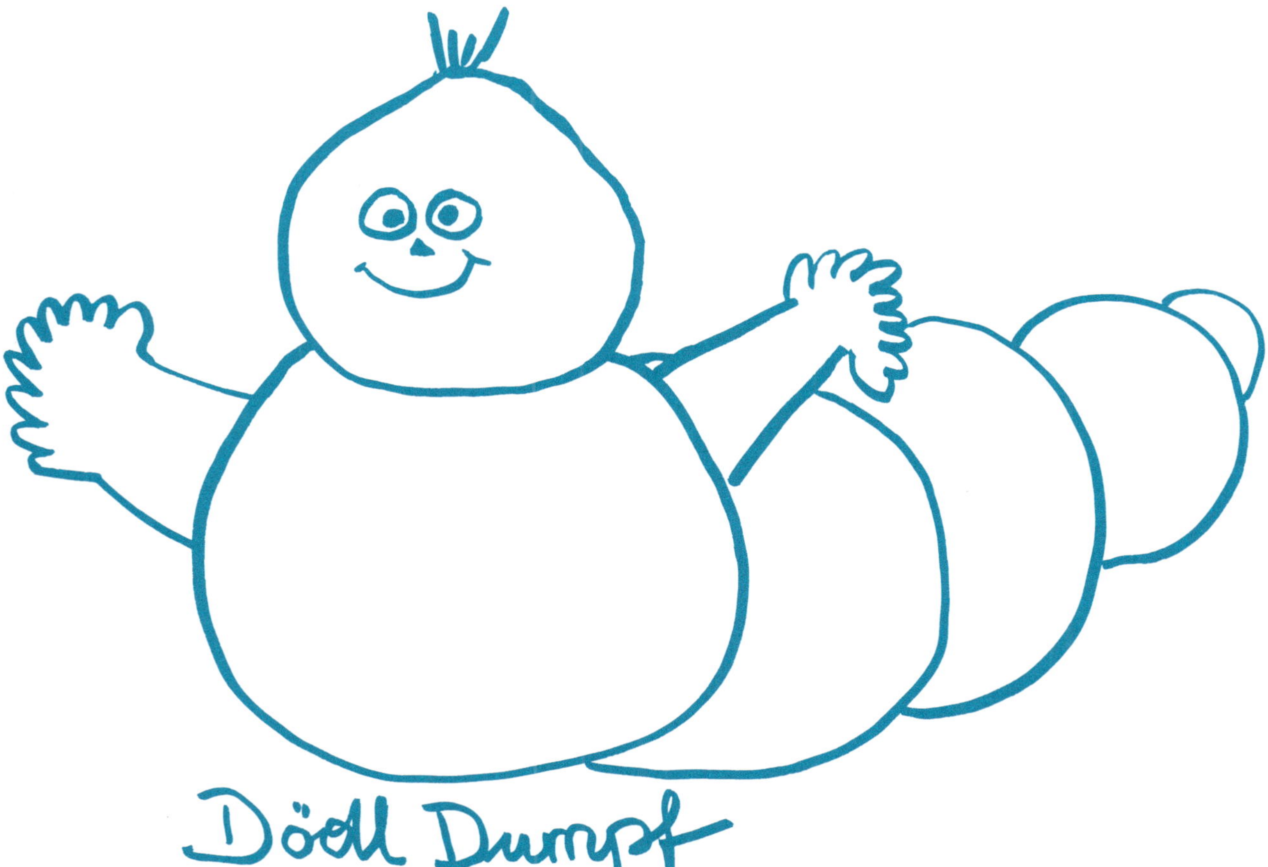

Ich heiße Dödl Dumpf.

Möchtest du zu meiner Geburtstagsparty kommen?

Ich werde 23 minus 16 Jahre alt.

Also das sind 7 Jahre.

Ich weiß das auswendig, denn ich kann nicht so gut rechnen – weißt du.

Ich bin eine Zauberraupe, aber leider kann ich noch nicht zaubern. Man muss nämlich für das Zaubern ziemlich gut rechnen können. Das finde ich total blöd.
Ich hasse das Rechnen.
Sag, kannst du mir vielleicht helfen oder rechnest du auch nicht so gern?

Ich rechne ______________________________

O.k. Lass uns erst einmal meinen Zaubergeburtstag feiern, den siebten. Wie alt bist du eigentlich?

Ich bin ______________________ Jahre alt.

Bevor wir meinen Geburtstag feiern, verrate ich dir noch ein paar Geheimnisse von mir. Aber sag es nicht weiter, versprochen?
Also ich mag am liebsten den grünen Giftwasserzaubertrank. Mit dem können wir ein Zauberspiel spielen.

Ich habe eine Zauberlehrerin. Sie heißt Brunhilda. Brunhilda Explosiv. Sie ist so explosiv, dass sie einen ganz roten Kopf bekommt vor Aufregung. Manchmal wird Brunhilda richtig zornig, wenn ich nicht schnell genug rechnen und zaubern kann. Ansonsten ist Brunhilda aber sehr lieb und wir haben eine Menge Spaß miteinander – wenn es da nicht diese schwierigen Zauberschülerprüfungen gäbe ...

Ich bin Brunhilda aber nicht wirklich böse, weißt du, sie ist noch sehr jung. Sie ist erst dreihundertdreiundvierzig Jahre alt. Da muss sie erst lernen, wirklich richtig geduldig zu sein. Sie will eben, dass ich eine erfolgreiche Zauberraupe werde.

Sie sagt dann so Dinge wie: „Klaus Wowereit“, „Dödl Dumpf, stell dich nicht so an“, „Dödl Dumpf, du musst mehr üben“, „Dödl Dumpf, jetzt rechne endlich alleine!“

Wenn Brunhilda das sagt, dann spiele ich heimlich das Zaubertrankspiel, um Brunhilda ein wenig zu ärgern. Ich rechne und zähle dann nicht, sondern rate einfach, das ist viel lustiger.

Das Spiel geht so:

Wenn ein Glas randvoll ist bis oben hin, sodass kein Mausespuckschlückchen mehr drauf passt, dann sind 10 Schlucke feinster Zaubertrank darin.

Soviel ist klar.

Aber dann versuche ich, ohne zu rechnen herauszufinden, wie viele Schlucke in den anderen Gläsern sind.

Magst du mitspielen und aufschreiben, wie viele Schlucke in den Gläsern drin sind?

Versuche es, ohne abzuzählen und ohne zu rechnen, rate einfach drauflos. Schau mal ...

Das macht mehr Spaß als das Rechnen, stimmt's?

Komm mit auf die Party, da lernst du Brunhilda kennen. Ich zeige sie dir.

Hier ist sie – darf ich dir meine Lehrerin Brunhilda Explosiv vorstellen? Sie hat mir heute alle Rechenaufgaben der letzten Woche ausgerechnet, als Geburtstagsgeschenk!

Jetzt nimm dir ein Glas Zaubertrank ganz randvoll bis oben hin, färbe es in einer Farbe, die du magst, und trinke mit mir zusammen einen Schluck.

Dödl Dumpf lebe hoch, hoch, hoch rufen alle Freunde und trinken aus ihren Gläsern einen Schluck.

So sehen die Gläser danach aus:

Und dein Glas, wie sieht das aus? Zeichne ein, wie viel Zaubertrank du noch hast.

„Jetzt will ich euch mal ein wenig zaubern lehren“, Brunhilda balanciert mit einem Bein auf dem Hexenbesenstiel und alle hören ganz gespannt zu:

„Seht eure Schlucke an, keiner hat einen Zauberschluck gemacht!!!“ „Ein Zauberschluck, mit dem man richtig zaubern kann, hat eine ganz bestimmte Größe.“ „Wisst ihr“, Brunhildas Stimme wird geheimnisvoll, „die Zauberschlucke sind alle, alle, ganz, ganz genau gleich groß.“

„Oh“, Dödl Dumpf zappelt aufgeregt, „ich weiß etwas, ich habe eine Idee. Wir trinken alle unsere Gläser in einem einzigen Schluck ratzeputz leer. Ganz leer. Dann ist sicher jeder Schluck gleich groß.“

Eine tolle Idee, alle Schüler jubeln, nur Brunhilda schwankt gefährlich auf ihrem Besenstiel hin und her.

Wenn Brunhilda etwas nicht passt, fliegen immer so kleine rote Rauchwölkchen aus ihren Ohren. Im schlimmsten Fall drei auf einmal. Das ist aber zum Glück noch nie passiert.

„Liebe Zauberschüler“, Brunhilda räuspert sich, während zwei kleine rote Wölkchen in die Luft steigen, „Ein Glas mit Zaubertrank hat genau und ganz genau 10 Zauberschlucke!

Merk es dir, Dödl Dumpf, wenn du einmal zaubern willst. 10 Schlucke hat ein Glas. Zaubertrank oder Giftwasser oder was ihr wollt, aber zehn gleich große Schlucke."

„Ja", sagt Dödl Dumpf, der immer ganz grün im Gesicht wird, wenn man mit ihm schimpft, „ich weiß es doch, aber ...
... wie schaffe ich das bloß, 10 genau gleich große Schlucke aus einem vollen Glas zu machen?"

„Kannst du Dödl Dumpf helfen?"
„Kannst du es für ihn schütten und dann aufzeichnen, wie groß so ein Zauberschluck ist?"

„Kannst du dieses volle Glas so schütten, dass in zehn leeren Gläsern lauter gleich große Schlucke landen?"

Dödl Dumpf ist mit den 10 gleich großen Schlucken zu Brunhilda gegangen und hat sie ihr gezeigt. Brunhilda war wirklich sehr zufrieden, obwohl sie eigentlich sonst nie mit etwas so richtig zufrieden ist. Na ja, wir müssen ihr ja nicht verraten, dass du Dödl Dumpf geholfen hast.

Weil Brunhilda also so zufrieden war, hat sich Dödl Dumpf getraut, sie zu fragen: „Du Brunhilda, warum ist denn das so wichtig, dass wir lauter gleich große Zauberschlucke machen?“

Da hat Brunhilda sich an der Stirn gekratzt und am Ohr und hinterm Ohr und hat schließlich gemeint: „Wenn du ein großer Zauberer werden willst, dann musst du rechnen können. Wegen der Zauberprüfung. Rechnen kann man aber nur mit lauter gleich großen Schlucken. Das ist leichter. Sonst schüttet und mixt ja jeder den Zaubertrank, wie er will. Wer weiß, was dabei dann herauskommt. Da verwandelt sich womöglich noch einer in einen Grashüpfer oder in Wasserdampf und wird fortgepustet oder in sonst was – wer weiß.“

„Also wenn es dann leichter ist zu rechnen“, denkt sich der Dödl Dumpf, „dann wollen wir es eben so machen, mit den zehn gleichen, gleich großen Schlucken von jetzt an.“

Können wir zwei gleich große Schlucke zusammenschütten und eine ganz genaue Zwei machen? Geht das?

„Dann hätten wir eine richtige Zwei“, schwärmt Dödl Dumpf, „und müssten nie mehr zweifeln, ob wir es richtig gemacht haben.“

Kannst du die Zwei aufzeichnen, die du geschüttet hast?

Komm, wir schütten auch noch die richtige Drei und die Vier und die Fünf, die Sechs, Sieben, Acht und noch die Neun. So richtig mit den einzelnen gleich großen Zauberschlucken:
Kannst du sie aufzeichnen?

Dödl Dumpf ordnet die Zauberschlucke nach der Reihenfolge und sieht sich die ganz genau geschütteten Zauberschlucke nochmals an.

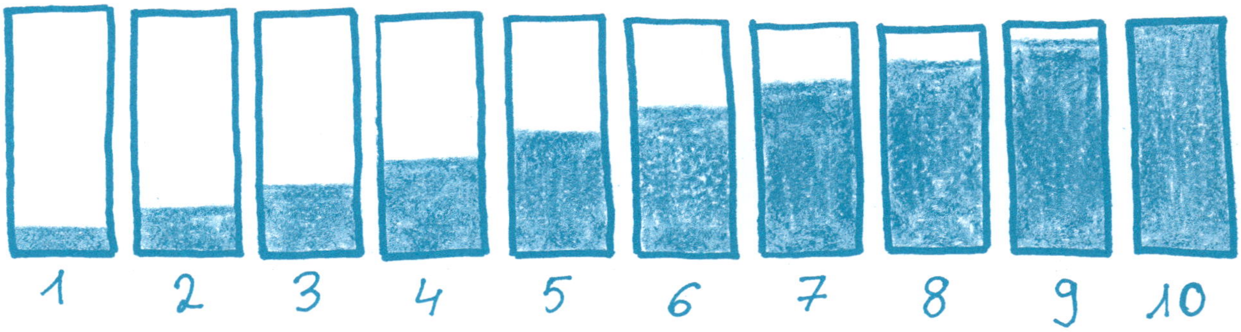

Der Zaubertrank sieht aus wie ...

Na ja, sieht aus wie eine ______________________________ .

„Ein bisschen zaubern kann ich schon“, sagt Dödl Dumpf, nimmt einen Bleistift und verwandelt die Zahlen in den Gläsern in Töne. Er klopft an die Gläser und schon klingen die Zaubertränke ganz verschieden.

Kannst du das auch? Versuch es mal. Baue dir eine Treppe. Bestimmt kannst du auch eine Zaubermelodie spielen.

Am nächsten Morgen findet Ddl Dumpf die Gläser völlig durcheinander vor. Bestimmt hat Nix Dumpf sich einen Scherz erlaubt. Manches ist verschüttet, ungeordnet oder ausgetrunken.

Kannst du ihm helfen alles wieder heil zu machen?

Wie viele Schlucke sind noch in den Gläsern?

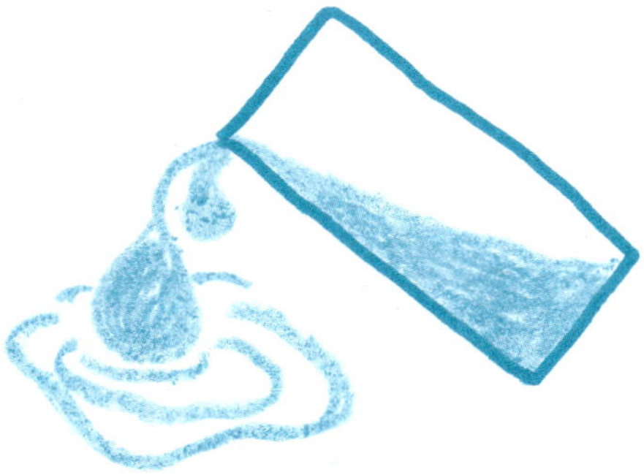

Bitte schütte doch noch mal für Dödl Dumpf eine schöne Treppe, alle Zahlen von 1 bis 10. Du weißt ja, wir brauchen zuerst ein volles Glas mit 10 Schlucken und müssen dann 10 genau gleich große Schlucke daraus gießen. Jetzt können wir alle Zahlen durch Zusammenschütten der einzelnen Schlucke herstellen.

Das klappt jetzt schon viel schneller als beim ersten Mal, stimmt´s?

In der nächsten Nacht schleicht Dödl Dumpf ganz leise, so leise wie er kann, in das Zauberübungszimmer von Nix Dumpf. Er hat beschlossen, sich ein wenig für das Durcheinander zu rächen, das Nix Dumpf angerichtet hatte.

Auf dem Tisch findet Dödl Dumpf ein Glas mit vier Schlucken. Er will heimlich 3 Schlucke daraus machen und sehen, ob Nix Dumpf es am nächsten Morgen bemerkt.

Dödl Dumpf überlegt. Kannst du ihm sagen, wie er das machen muss? In einer Ecke findet Dödl Dumpf noch ein Glas, das mit einem Zauberschluck gefüllt ist. Ob ihm das dabei hilft?

Ködl Dumpf ist begeistert. Dank deiner Hilfe hat er verstanden, wie das geht. Jetzt möchte er aus allen Schlucken, die er findet, andere machen.
Er verzaubert 5 Schlucke in 3 Schlucke.
Das macht er so:

Erst schüttet er aus den 5 Schlucken 5 einzelne Zauberschlucke – gleich große. Jetzt kann er drei Schlucke zusammenschütten und schon hat er eine Drei!

Die restlichen zwei einzelnen Schlucke schüttet er wieder zusammen und hat dann am Schluss eine Drei und eine Zwei.

Aus der 5 wird eine 3 und eine 2 gehext.

Kannst du 7 Schlucke in 4 Schlucke verzaubern?

Wie machst du das?

Ich

Stelle doch jemandem aus deiner Familie einmal eine Aufgabe:

Ob einer aus 9 Schlucken 7 Schlucke zaubern kann?

Meinst du, dass es gelingt?

Am nächsten Morgen trifft Dödl Dumpf Nix Dumpf im Klassenzimmer. Nix Dumpf ist ganz freundlich und meint: „Wenn ich verspreche, dich nicht mehr zu ärgern, lässt du dann auch meine Gläser in Ruhe?"

„Na klar", Dödl Dumpf will gern Nix Dumpf's Freund bleiben und so beschließen sie, einander keine Streiche mehr zu spielen.

Jetzt kommt Fräulein Brunhilda ins Klassenzimmer und sagt: „Setzt euch hin, die Zauberstunde beginnt. Wer weiß, wie man aus 10 Zauberschlucken 5 machen kann?"

Dödl Dumpf meldet sich und erklärt: „Also, ich mache aus 10 Schlucken 10 einzelne gleich große Schlucke und dann gieße ich 5 davon wieder zusammen." Im Kopf stellt er sich die Gläser vor. So fällt es ihm leichter.

Brunhilda ist erstaunt. „Du machst Fortschritte, gut gemacht!"

„Aber", sagt sie, „es gibt noch einen schnelleren Weg."

„Die 10 Zauberschlucke sind so ähnlich, wie meine 10 Finger." „Jetzt gebe ich dir 5 Finger", dabei reicht sie Dödl Dumpf die Hand, „und 5 Finger gebe ich Nix Dumpf." Die andere Hand streckt sie Nix Dumpf entgegen.

Jetzt hast du 5 und Nix Dumpf hat 5. Jeder hat gleich viele. Wenn ich 10 in zwei gleich große Stücke zerteile, bekommt jeder von euch 5.

Die Mitte von 10 ist ________________ .

Manche sagen dazu auch: „Die Hälfte".

Die Hälfte von 10 ist also ________________ .

Dödl Dumpf probiert es heimlich wieder mit den Gläsern aus: Er nimmt ein volles Glas mit 10 Schlucken und teilt es genau in der Mitte. Die eine Hälfte schüttet er in ein anderes Glas um.

Jetzt prüft Dödl Dumpf das nochmals mit den einzelnen, gleich großen Zauberschlucken.
Sind es wirklich 5 Schlucke, hat Brunhilda Recht?

Versuche es selbst einmal.

Am späten Nachmittag kommt Dumpf Idi zu Besuch. Sie ist sehr nett und Dödl Dumpfs beste Freundin.

Er zeigt ihr seine Entdeckung mit den zwei Fünfern in einem Zehner-Glas. Dumpf Idi möchte gerne mitspielen.

Sie gießt ein Glas voll mit 7 Schlucken und versucht dann, die 5 darin zu sehen.

Dödl Dumpf nimmt sich ein Glas mit 7 Schlucken und versucht auch, die 5 darin zu sehen.

Kannst du die 5 auch sehen?

Nimm einen bunten Stift und kreise die 5 Schlucke ein, wo sind sie?

Kannst du hier irgendwo die 4 entdecken? Kreise sie ein.

Dumpf Idi hat etwas herausgefunden. Sie sagt: „Bei einem Glas mit 8 Schlucken brauche ich gar nicht mehr zu rechnen. Ich sehe die 5 Schlucke und oben drüber ist eine 3. Sieh mal!“

„Oh ja“, ruft Dödl Dumpf, „und bei der 9 ist unten die 5 und oben die 4!“

Dumpf Idi will gar nicht mehr aufhören. Sie nimmt sich ein Blatt Papier und umkringelt alles, was sie in einer 5 findet.

Dann malt Dödl Dumpf alles auf, was er in der 6 findet. Bei der 5 zeichnet er sich eine Hilfslinie. So kann er die Zahlenmengen besser sehen und muss nichts abzählen oder rechnen.

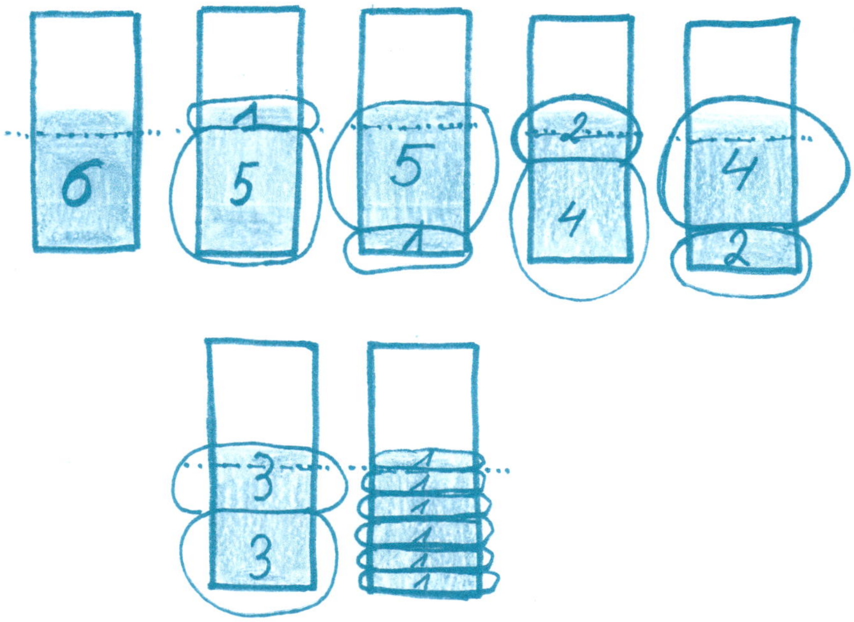

Was findest du in der 7?

Und was kann man in der 8 finden?

Da findet man schon ziemlich viel, was?

Jetzt kannst du das Gleiche auch mit Schütten versuchen. Das macht noch mehr Spaß.

Nimm ein Glas mit genau 6 Schlucken und schütte:

5 und 1

4 und 2

3 und 3

Du kannst einfach raten, ohne genaue Zauberschlucke zu gießen. Bestimmt weißt du schon, wie viel Zaubertrank du ungefähr für die 5 brauchst, oder für die 4.

Du kannst auch andere Zahlen schütten und aufzeichnen. Dödl Dumpf ist gespannt, was du herausfindest.

Kannst du auch ein Glas mit 9 Schlucken auseinander schütten?

Was findest du?

Eine Woche später macht Brunhilda eine Zauberprüfung. Sie lautet:

„Was passiert, wenn man 5 und 4 zusammenhext?“

Oje! Dödl Dumpf bekommt bei Prüfungen immer so einen leeren Kopf, er kann nicht mehr denken und außerdem pocht sein Herz ganz laut und schnell. Weil seine Finger schwitzen, fällt ihm der Bleistift aus der Hand. Dann ist die Zeit gleich um und gar nichts ist zusammengehext.

Doch diesmal flüstert Dumpf Idi: „Denk an unser Spiel. Stell dir die Gläser mit dem Zaubertrank vor. Die 5 hat so hellgrün geleuchtet und die 4 lag oben drauf. Was war das denn?

Na, was war es denn?

Weißt du es?

Es war eine ____________________.

Dödl Dumpf hat sich überlegt, dass die 5 bis zur Mitte ging und die 4 ein bisschen weniger ist als die 5, also wird das Glas nicht ganz voll. Es wird fast voll. Fast voll – das ist doch eine 9!

Zum ersten Mal hat Dödl Dumpf eine Zauberprüfung glatt bestanden. Jetzt bekommt er seinen ersten Zauberstab!

Fräulein Brunhilda freut sich sehr. Da beschließt sie, dass sie Dödl Dumpf noch oft loben wird, damit er auch die nächste Zauberprüfung besteht.

Was ist mit deiner Zauberprüfung?

Magst du eine machen? Traust du dich?

Sieh mal ...

Zauberprüfung für

____

Schütte zuerst und hexe dann zusammen:

5 und 5

4 und 1

2 und 3

6 und 2

3 und 4

5 und 4

Wenn du 3 Aufgaben richtig gehext hast, dann hast du deine erste Zauberprüfung bestanden. Dass einer gleich die erste Zauberprüfung besteht, ist sehr selten. Also wenn es dir gelungen ist, dann war das richtig spitzenklasse, supertoll und überprima!

Heute lernen Dödl Dumpf, Dumpf Idi und Nix Dumpf in der Schule die Zahlenfreunde.

Fräulein Brunhilda sagt: „Freunde sind sehr wichtig im Leben. Die Zahlen haben auch Freundschaften. Viele Freundschaften."

„Aber jede Zahl hat nur einen besten Freund!"

„Wir wollen die besten Freunde heute herausfinden."

„Zwei Zahlen sind dann beste Freunde, wenn sie zusammen ein Glas ganz randvoll machen. Wenn sie zusammengehext 10 ergeben."

Da gibt es die Zwillinge 5 und 5 ruft Dödl Dumpf dazwischen. Er ist inzwischen sehr gut in der Mitarbeit.

Dann gibt es auch noch die ____________________

Und die ____________________

Kannst du die Freunde schütten und dann aufmalen?

Wie heißen sie?

Du kannst dir die Freunde auch noch mal auf ein eigenes Blatt Papier malen und sie in deinem Zimmer aufhängen.

So kannst du sie immer wieder anschauen, bis du sie mit geschlossenen Augen sehen kannst.

Dumpf Idi hat folgende Zeichnung gemalt:

Dödl Dumpf hat es anders rum gezeichnet.

Aber Freund bleibt Freund: Ob 9 und 1 oder 1 und 9.

Versuche mal die Augen zu schließen und dir ein volles Glas mit 10 Schlucken vorzustellen. Siehst du die Freunde?
Wie heißen sie? Schütte dir aus einem vollen Glas zwei Freunde und schütte sie wieder zusammen.

Ist das Glas voll oder hast du Zaubertrank daneben gegossen? Versuche es, ohne etwas zu verschütten. Ist das Glas mit den zwei Freunden voll?

Versuche mal, ob du die Freunde schon kannst:

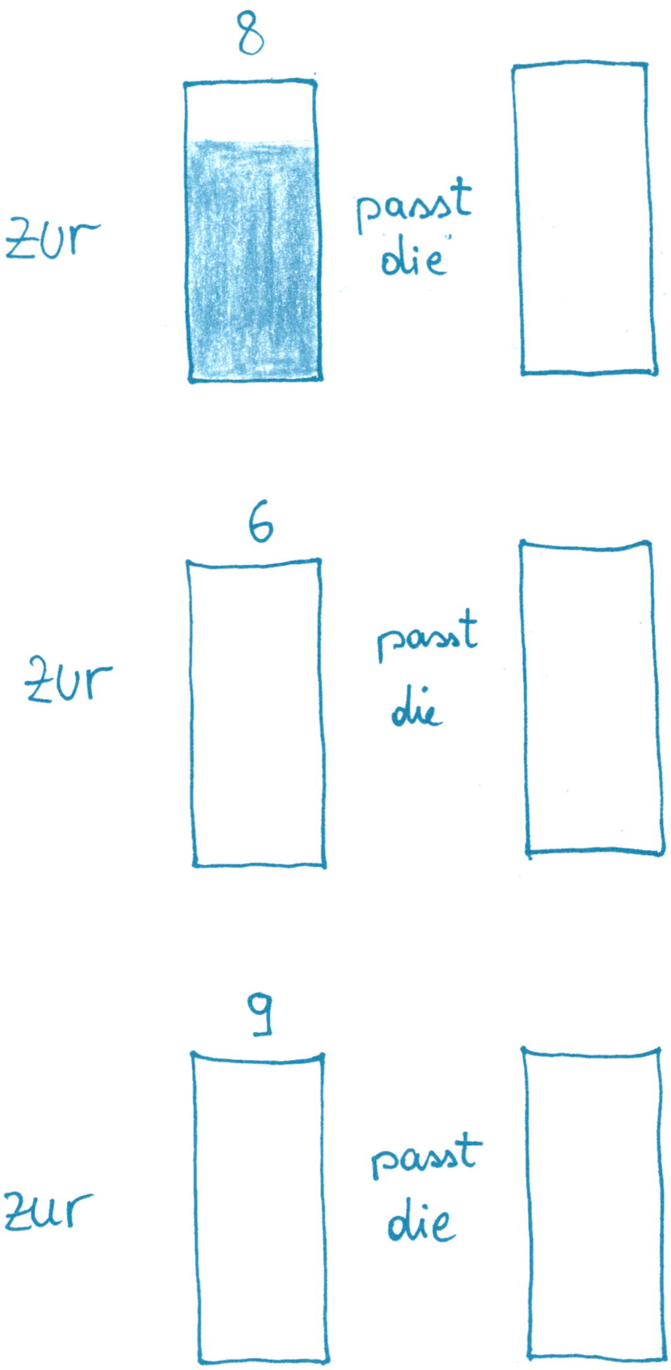

3

zur passt die

1

zur passt die

4

zur passt die

7

zur ☐ passt die ☐

2

zur ☐ passt die ☐

5

zur ☐ passt die ☐

Ich glaube, du hast schon wieder eine Zauberprüfung bestanden.

Gratuliere!

Jeden Donnerstag kommt Brunhilda nachmittags bei Dödl Dumpf zum Kaffeetrinken vorbei. Sie setzt sich dann hin und plaudert dies und das. Meistens beklagt sie sich über das Wetter, die hohen Hexensteuern und darüber, wie wenig Zeit sie für die wirklich spannenden Hexereien in ihrem Leben hat.

Dödl Dumpf bietet ihr heute Kaffee aus dem Zauberglas an. Er gießt es randvoll. Sie trinkt genüsslich, legt die Beine hoch und summt dabei ein wenig. Das ist ein Zeichen, dass es ihr besonders behaglich ist.

Dödl Dumpf sagt: „Jetzt hast du 4 Schlucke Kaffee in deinem Hexenbauch, denn 6 Schlucke Kaffee sind noch im Glas.“

Brunhilda ist wirklich erstaunt. „Wie toll“, ruft sie, „woher weißt du das denn?“

„Ich kenne doch die Freunde und im Glas kann ich sie so gut sehen.“ Und dann verrät Dödl Dumpf Brunhilda sein geheimes Zaubertrankspiel. Er erklärt ihr, dass man dabei nicht rechnen oder gar zählen muss, sondern dass man alles einfach sehen kann.

Brunhilda ist restlos begeistert. Sie will es gleich versuchen.

Sie gießt sich 3 Gläser voll mit Kaffee und sagt: „So stelle ich mir die 30 vor. 10 und 10 und 10.“

Dann trinkt sie genüsslich einen Zauberschluck weg.

Dödl Dumpf überlegt. Jetzt gibt es noch zwei volle Gläser, das macht 20 und ein fast volles Glas, das macht 9. Aber was ist das denn jetzt zusammen?

Brunhilda erklärt: „Es ist jetzt neunundzwanzig. Man schreibt die 20 auf und in den Rucksack steckt man die 9.“

Schau so ...

„Und was passiert, wenn man die Zahlen umdreht“, fragt Dödl Dumpf, „und sie als 92 schreibt?“

„Dann hat man eine 90 mit einer 2 im Rucksack.“

Schau so ...

„Lass uns noch Kaffee holen“, meint Brunhilda und freut sich schon auf die große Menge, die sie gleich in ihren Hexenmagen zaubern wird.

Kannst du für Brunhilda 92 eingießen?

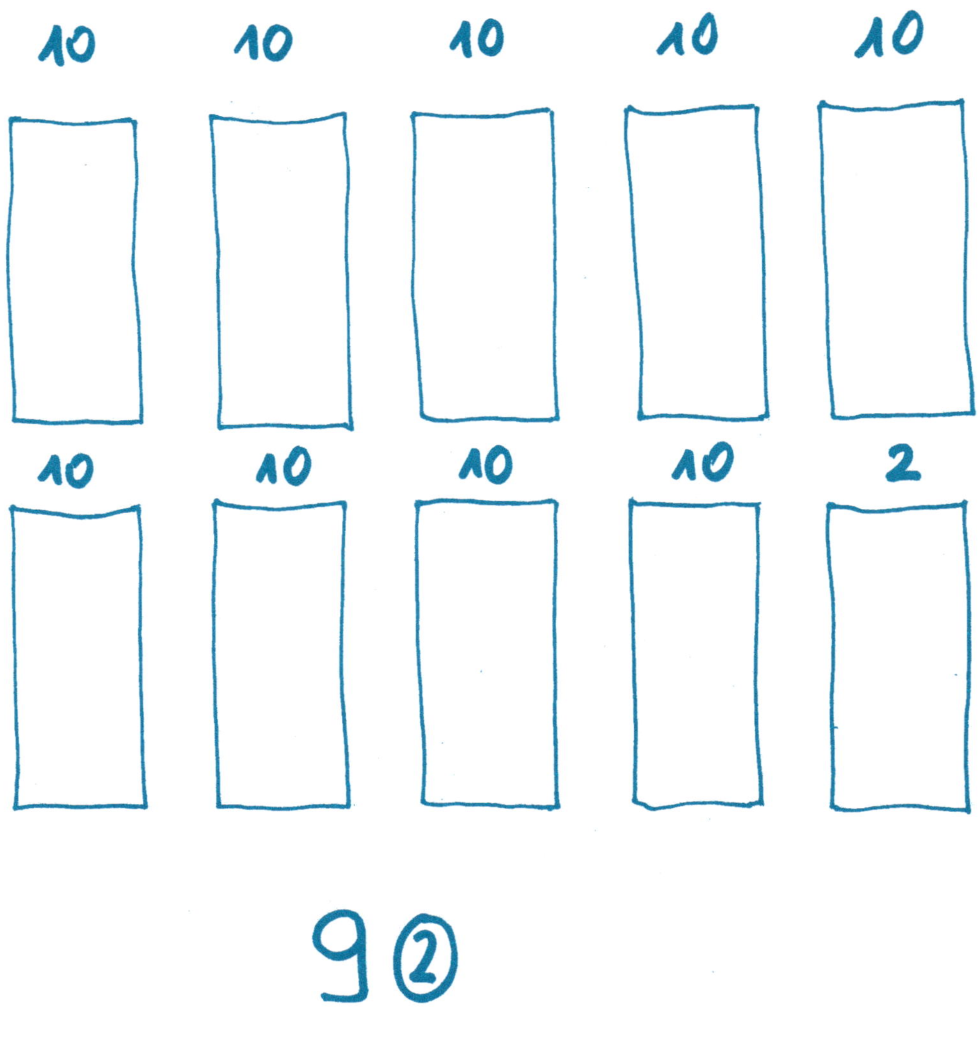

„Sieh her, jetzt trinke ich 9 volle Gläser weg, das sind 90 Schlucke und im Rucksack sind noch zwei Zauberschlucke Kaffee für dich übrig, Dödl Dumpf.“

„Jetzt bin ich dran“, drängelt Dödl Dumpf. Er wünscht sich blauen Sprudel, der nach Kaugummi schmeckt. Von Brunhilda lässt er sich eine 20 mit einer 6 im Rucksack zaubern.

Hier hat Brunhilda 26 Schlucke Kaugummisaft gezaubert.

„Hätte ich doch besser eine 60 mit einer 2 im Rucksack genommen“, ärgert sich Dödl Dumpf und beschließt nächstens genau darauf zu achten, woran man die vollen Gläser und die einzelnen Schlucke bei den Zahlen erkennt.

Kannst du eine 43 schütten?

Wie viele volle Gläser brauchst du, wie viele einzelne Schlucke?

Zeichne das Kaugummiwasser ein.

Oder hättest du lieber eine 34 gewollt?
Wie sieht die aus?
Kannst du die 34 schütten und dann zeichnen?

Dödl Dumpf macht es richtig Spaß. Er kann sich die größeren Zahlen mit den Gläsern gut vorstellen.
Wenn er die Augen zumacht, dann sieht er die Zahlen. Versuche auch mal, dir ein paar größere Zahlen vorzustellen. Schütte sie und male sie dann auf.

Die 25 stellt sich Dödl Dumpf als 2 volle Gläser und ein halb volles Glas vor.

Wenn Brunhilda jetzt 10 Schlucke wegtrinkt – was bleibt denn dann noch übrig?

Es bleiben ______________________ Schlucke übrig.

Seitdem kocht Dödl Dumpf für Brunhilda jeden Donnerstag Kaffee und dann machen sie zusammen Wegtrink-Rätsel.

Glücklicherweise hat Brunhilda einen Hexenmagen, der nie wehtut. Wenn Dödl Dumpf nicht mehr trinken kann, dann gießt er die Schlucke einfach wieder in den großen Krug zurück.

Rechnen kann Dödl Dumpf jetzt schon richtig gut. Er kann alles wegtrinken, was du willst. Auch 9 Schlucke statt 10 oder 20 Schlucke, eben was du willst.

Probiere es aus.

Schütte dir 35 Schlucke und trinke weg, was du magst. Was bleibt übrig?

In deinem Rechenbuch gibt es viele Wegtrink-Rätsel. Man erkennt sie an dem komischen Strich zwischen zwei Zahlen. Es sieht etwa so aus:

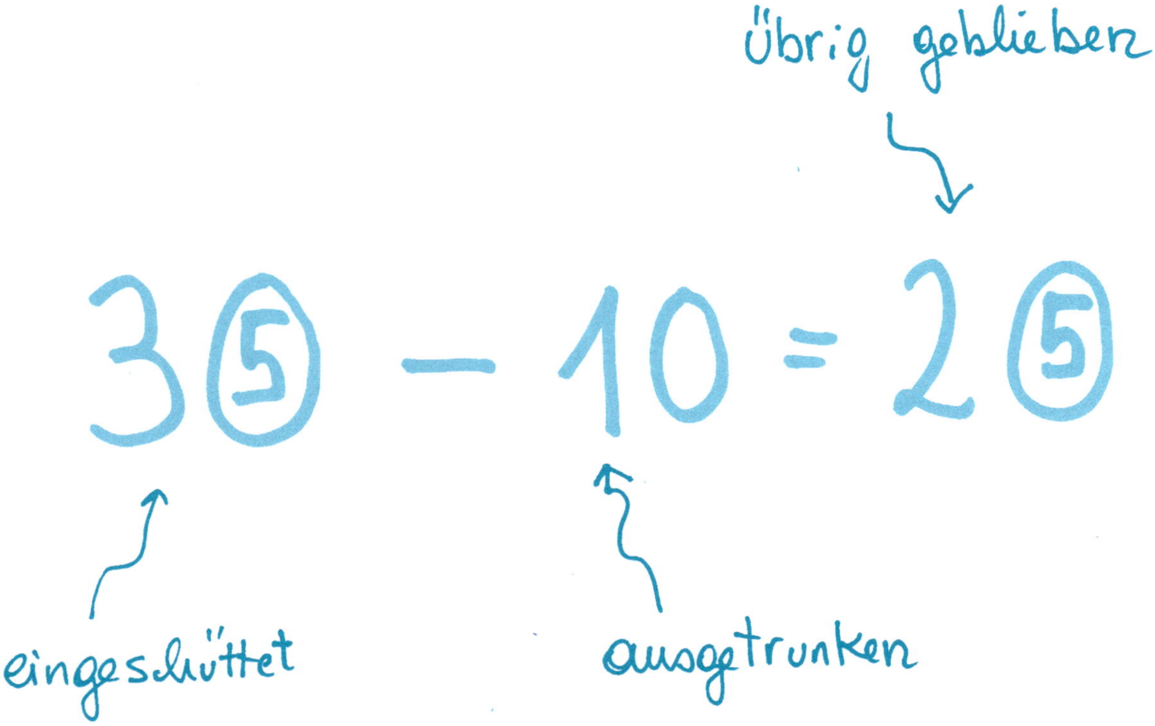

Wenn du die Gläser zum Schütten nimmst, kannst du bestimmt schon ganz viele Rätsel lösen.

Am nächsten Tag hat Dumpf Idi ein Problem. Sie soll 8 Zauberschlucke mit 5 anderen Zauberschlucken zusammenschütten, damit ein Zaubertrank daraus wird.

Sie weiß aber nicht, was sie tun soll. Sie hat schon öfters probiert, die 5 Schlucke in das Glas mit den 8 Schlucken zu gießen. Jedes Mal geht es aber daneben. Es passt nicht!

Da hatte Dödl Dumpf eine Idee. „Du gießt nur so viel ein, bis das Glas voll ist. Die anderen Schlucke lässt du im Glas zurück. Der Freund von der 8 ist eben die Zwei, mehr passt nicht rein!"

Jetzt sind es 13.

Kannst du das auch schütten?
Was entsteht denn, wenn wir 8 und 7 zusammenhexen?

Es entsteht ______________________ .

Nix Dumpf hext jetzt 28 und 7 zusammen: Was kommt heraus?

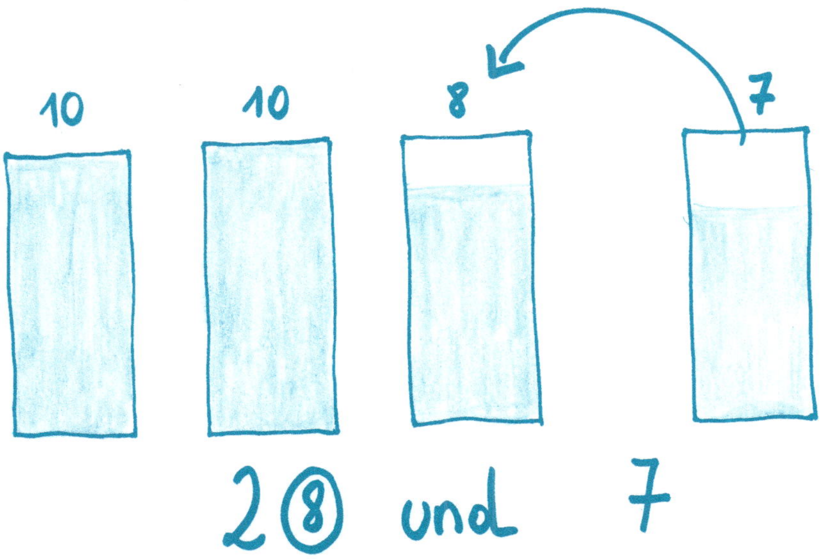

Es kommt ______________________ heraus.

Dann macht Dumpf Idi 38 und 7: Kannst du es schütten, aufmalen und herausfinden, was herauskommt?

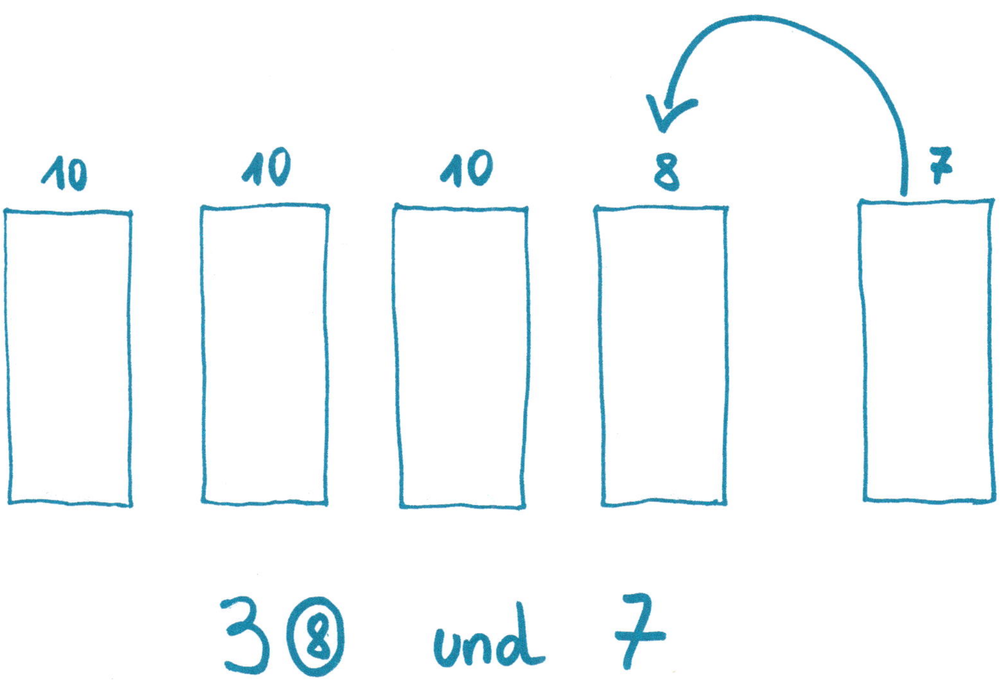

Sie sieht, dass es jetzt 45 sind.

In ihrem Rechenbuch findet sie viele Zusammenhex-Rätsel.

Die sehen so aus:

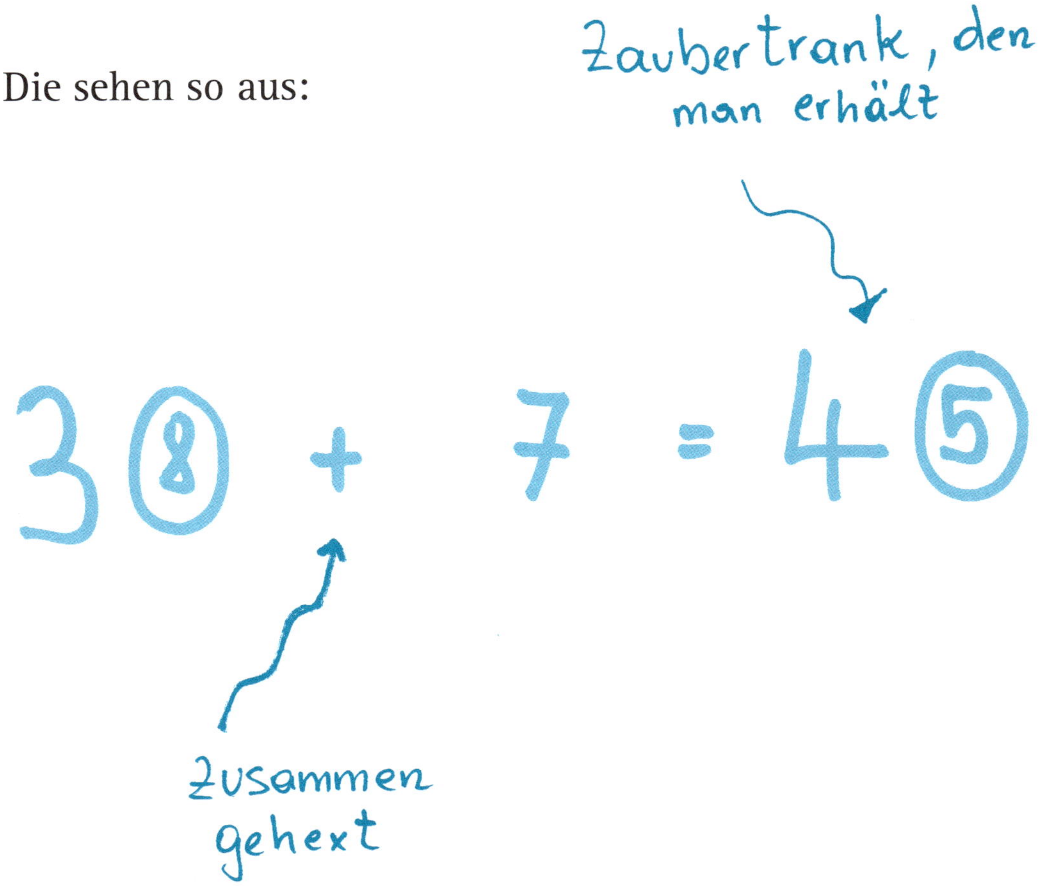

Mit dem Schütten kann sie jetzt fast alle Rätsel herausfinden. Probiere es auch.

Du schaffst es bestimmt. Schütte einfach und du wirst sehen, wie viel Zaubertrank rauskommt. Du kannst deine Mathehausaufgaben mit den Gläsern schütten oder die Schlucke aufmalen. Bald wirst du das Rechnen so leicht finden, dass du es auch ohne Schütten kannst. Schließe die Augen und stell dir einfach die Gläser mit den Schlucken vor. Probiere es immer wieder. Einmal kommt der Tag, an dem es dir gelingt.

Vor den Ferien organisieren alle zusammen ein großes Fest.

Dödl Dumpf sorgt für die Gläser und schmückt das Zimmer. Dumpf Idi lädt die Gäste ein. Nix Dumpf macht Zaubersalat, den er in lauter Zehner-Schüsseln füllt. Brunhilda stößt zur Feier des Tages drei grüne Wölkchen aus ihren Ohren und bereitet ein Spiel für ihre eigenen Hexenlehrerinnen vor, die inzwischen schon uralt sind und nichts von den Gläsern wissen.

Eine Überraschung ist geplant.

Die Aufregung schwebt knisternd im großen Zimmer, als die alten Hexen kommen.

Brunhilda hat viele Gläser auf den Tisch gestellt, verschieden hoch gefüllt mit Zauberpunsch. Ein Duft von Orangen liegt in der Luft, als der Reihe nach alle Gäste begrüßt werden.

„Setzt euch oder stellt euch auf eure Besenstiele, es geht los“, ruft sie beschwörend. „Wer zuerst sagen kann, wie viele Schlucke insgesamt am Tisch stehen, darf die nächsten Spiele bestimmen.“

Die Hexen rechnen und zählen an den Fingern, verzählen sich, beginnen noch mal neu und wissen nicht, wo ihnen der Kopf steht. Dödl Dumpf aber sieht die Freunde, die zusammengehören. Dumpf Idi zählt die vollen Gläser, die durch die Freunde entstehen.

Gleich haben sie es:

10 ... 20 ... 30 ... 40 ... immer weiter.

Wie viele Schlucke sind es insgesamt?

Weißt du es?

Am schnellsten ist Dödl Dumpf. Er ruft ganz laut: „100! – Es sind einhundert Schlucke, alles zusammen!“

Brunhilda jubelt und alle Hexen klatschen ehrfürchtig.

Jetzt wünscht sich Dödl Dumpf Musik und Tanz den ganzen Abend und alle Hexen drehen sich keuchend mit ihm im Kreis.

Bravo!

Wir sehen uns wieder, wenn du mal ein paar neue Hexenzaubertricks brauchst ...

... für diese komischen Punkte in deinem Rechenbuch.

· und :

Bis bald, tschüss und schütte gut

Dein

Dödl Dumpf

Markenrechtliche Informationen:

Die Wasserglasmethode® ist vom Deutschen Patentamt markenrechtlich geschützt worden. Die Kennzeichnung „Wasserglasmethode® (Wortmarke) ist unter der Registernummer 305 44 354 beim Deutschen Patent- und Markenamt eingetragen. Frau Schlotmann hat ihre Methode bewusst publiziert, um sie möglichst vielen Eltern von betroffenen Kindern zugänglich machen zu können. Die private, unentgeltliche Nutzung der Methode ist erwünscht und ohne Lizenz erlaubt. Frau Schlotmann freut sich jedoch über die Anbringung eines Schutzrechtshinweises „®“. Die öffentliche, gewerbliche, pädagogische, heilpraktische oder therapeutische Nutzung bedarf einer Lizenz von Frau Schlotmann.

Die Lizenz zur Nutzung der Wasserglasmethode® kann jeder erhalten, der seine pädagogische oder therapeutische Eignung und eine zusätzliche Ausbildung und Zertifizierung in der Wasserglasmethode® nachweisen kann.

Je nach besonderer Situation des Lizenznehmers oder der schulischen Institution vergeben wir auf Anfrage auch zeitlich begrenzte, kostenfreie Probelizenzen.

Im **SUPPERVERLAG** sind außerdem erschienen:

Bücher:

A. Schlotmann, Kein Kind soll an Mathe scheitern. Das Übungsbuch 1. Erste mathematische Schritte, addieren und subtrahieren., Supperverlag 2005.

A. Schlotmann, Kein Kind soll an Mathe scheitern. Die Uhr. Dödl Dumpf entdeckt die Uhr. Supperverlag 2005.

A. Schlotmann, Kein Kind soll an Mathe scheitern. Das Übungsbuch 2. Erste einfache Textaufgaben, multiplizieren und dividieren., Supperverlag 2006.

Lernmaterialien:

Mathekoffer: Die originalen Wassergläser zur Therapie der Rechenschwäche, von Dipl. Psych. Angelika Schlotmann, im stabilen Koffer.

Die originalen Wassergläser sind auch einzeln in größerer Stückzahl erhältlich

Dödl Dumpf Uhr: Eine speziell von Dipl.- Psych. Angelika Schlotmann entwickelte Küchenuhr, die eine echte Hilfe ist, um das „Drama“ mit der Uhr erfolgreich zu beenden.

In Vorbereitung:

A. Schlotmann, Kein Kind soll an Mathe scheitern. Die Wasserglasmethode® zur Prävention und Therapie der Rechenschwäche. Dödl Dumpf entdeckt die Brüche, Supperverlag erscheint voraussichtlich 2008.

A. Schlotmann, Kein Kind soll an Mathe scheitern. Die Wasserglasmethode® zur Prävention und Therapie der Rechenschwäche. Dödl Dumpf s Mathelive Projekte, Supperverlag erscheint voraussichtlich 2008.

A. Schlotmann, Kein Kind soll an Mathe scheitern. Die Wasserglasmethode® zur Prävention und Therapie der Rechenschwäche. Dödl Dumpf und der Dreisatz, Supperverlag erscheint voraussichtlich 2009.

A. Schlotmann, Kein Kind soll an Mathe scheitern. Die Wasserglasmethode® zur Prävention und Therapie der Rechenschwäche. Dödl Dumpf begreift Funktionen, Supperverlag erscheint voraussichtlich 2009.